发现身边的科学

FAXIAN SHENBIAN DE KEXUE

静电跳舞小球

王轶美　主编

贺杨　陈晓东　著　上电一中华"华光之翼"漫画工作室　绘

中国纺织出版社有限公司

咚咚："哎呦！"

妈妈："怎么，被静电电到了吗？"

咚咚："是的，像针戳一样的疼！静电到底是怎么回事呢？之前怎么没有呢？"

妈妈："静电是一种自然现象，在干燥的秋冬季节，我们的衣服上常常会有静电。"

咚咚："衣服上就有？我怎么感觉不到！"

妈妈："晚上睡觉脱毛衣的时候，有时会看到闪闪的亮光，还有噼里啪啦的响声，那就是静电。"

咚咚："毛衣上的静电是从哪里来的呢？"

妈妈："皮肤和毛衣摩擦发生了电子的转移，由此产生静电。"

咚咚："我想起来了，最近我滑滑梯的时候，就经常被电到，原来也是静电呢！"

静电是一种自然物理现象，它是指电荷聚集在物体的一处，在特定的条件下会形成放电。

　　我们身边的物质几乎都是由原子构成的，原子中又包含了电子，摩擦、传导、感应这些方式都会发生电子的转移，任何两个不同材质的物体只要接触后再分离，就能产生静电。

自然界中电荷有两个"兄弟"，一个叫正电荷，一个叫负电荷，它们的来头可不一样。

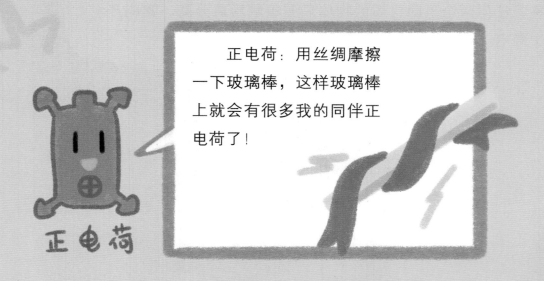

正电荷：用丝绸摩擦一下玻璃棒，这样玻璃棒上就会有很多我的同伴正电荷了！

正电荷

负电荷：用毛皮摩擦一下橡胶棒，橡胶棒上也会有很多我的同伴负电荷了。

负电荷

生活中我们接触的物体都带电吗？

一般情况下，物体都表现出电中性，也就是物体整体不带电。那是因为物体由原子构成，而原子核内的正电荷和核外的负电荷是等量的，所以原子表现出电中性，整个物体也就不带电了。

电浆球

大家在科技馆也许体验过这个玻璃球。

这是一个非常奇幻的科学装置，叫电浆球，属于等离子灯。球体内充满着变幻莫测的"闪电"，其实是静电电弧，这些电弧看上去让人觉得害怕，可是更为神奇的是，当你用手指去触碰静电球的时候，电弧会隔着玻璃与你的手指连接，而你却一点感觉都没有。

为什么会这样呢？原来，玻璃球内确实是高压电弧，但是其中的电流非常非常小，对人没有伤害，将手靠近等离子灯时，改变了玻璃球内部的电场，使得一根光线束从内部的球体迁移到手指的接触点上。

静电的历史

　　人类对于电的认识，除了自然界中的闪电，那就是生活中的静电了。中国的学者很早就对静电现象做了研究。西汉末年的《春秋纬·考异邮》中就有"（玳）瑁吸芥"的记载。玳瑁，其实就是琥珀，经过摩擦的玳瑁能吸引芥子。西晋时张华撰写的《博物志》中也有关于静电的记载："今人梳头、脱着衣时，有随梳、解结有光者，也有咤声。"这指的就是冬天晚上，我们脱衣服时所见到的静电现象。

　　西方科学对静电做了更加系统的研究，并建立了物理学的基础学科之一：电学。科学家们也是从静电现象开始，认识到了电荷，再进一步认识到化学物质之间可以产生电荷。最后，在无数科学家的努力之下，人类建立了电与磁的科学大厦，创造了许多电子产品，支撑着现代人类社会的运转。

爸爸："我们来制造点儿静电吧！咚咚，你先向妈妈要点儿厨房的铝箔纸。"

咚咚："好嘞！"

爸爸："我们把铝箔纸包在泡沫小球上，再找一块有机玻璃板，搭建这样的装置就好了。"

爸爸用毛巾在有机玻璃板上擦了几下。

咚咚："哇——好神奇啊！小球跳了起来！"

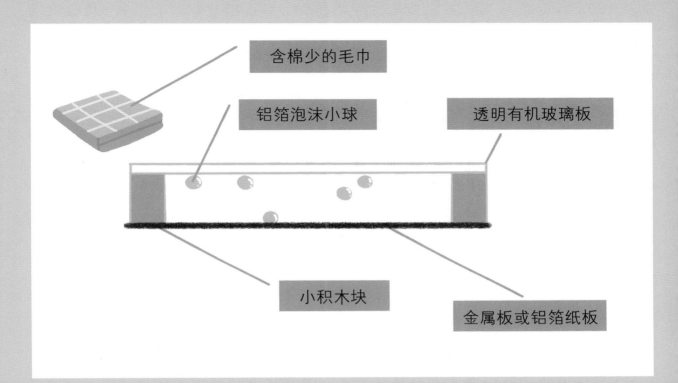

含棉少的毛巾

铝箔泡沫小球

透明有机玻璃板

小积木块

金属板或铝箔纸板

爸爸："你再试试用手指在有机玻璃板上指一指。"

咚咚："小球在我的手指间跳动了！"

爸爸："这就是静电现象了！用毛巾摩擦过的有机玻璃板会带有电荷，小球很轻，容易被吸引，所以才在玻璃板下跳动起来。"

装置制作步骤

材料准备：铝箔纸、泡沫、有机玻璃板、积木块、金属托盘、毛巾等物品。

1.

将泡沫捏碎，取一些近似球形的小颗粒泡沫。

2.

用铝箔纸把泡沫小颗粒包裹成小球，大小比黄豆粒稍大一点儿。

3.

4.
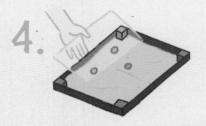
将泡沫小球撒在铝箔纸上，再把有机玻璃板放在积木块上。

5.

用毛巾在有机玻璃板上摩擦几次，观察现象。

将金属托盘放置在桌面上，然后铺上铝箔纸，垫上积木块，也可用木块等物品替代，主要起支撑作用，注意支撑的高度不要超过5厘米。

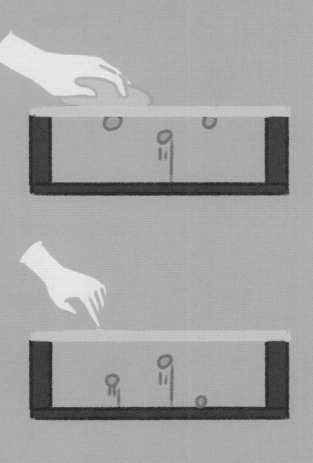

现象及玩法

    当用毛巾摩擦有机玻璃板时，小球会在铝箔纸和有机玻璃板之间跳动，并吸附在有机玻璃板上。再用手指去触碰有机玻璃板，你会发现小球的分布马上发生变化，并且又跳动起来了。

静电的危害

1. 静电给人体带来不适，比如说刺痛感；

2. 会给加油站等地带来火灾隐患；

3. 静电现象释放的电弧会将精密电子产品损坏；

4. 在煤矿井中，静电还可能使泄漏的瓦斯气体燃烧爆炸，造成事故；

5. 静电会对一些特殊人群，如孕妇、胎儿及植入电子芯片的人群身体健康造成影响。

静电毕竟是一种瞬间放电现象，能量比较高，会对一些微小的电子器件或者易燃的材料造成严重的影响。

如何预防静电呢？

　　勤洗手、勤洗脸。使用过电子产品后可能会带有静电，通过洗手等方式可以释放静电。

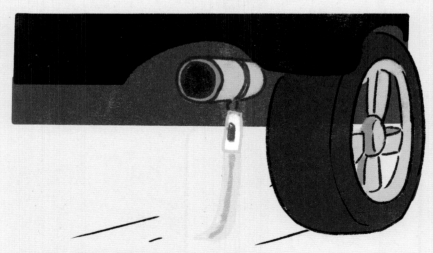

　　汽车的底部吊有铁链，让车体产生的静电通过大地释放掉。

秋冬季节尽量不穿化纤类衣服，也尽量不要使用塑料梳子。

保持皮肤湿润。多喝水、勤涂润肤霜，增加皮肤表层湿度，减少静电的产生。

儿童
润肤霜

电子工程师或者维修人员使用防静电工作台。

畅想未来——静电发电

除了预防和躲避静电，我们有没有可能将静电这种自然现象，转变成对我们有价值的事情呢？

其实日常生活中的静电吸附除尘、防护口罩、静电打印等，都是利用了静电的原理。

当然，还有更高级的。国际上已经有科学家团队正在研发一种静电发电装置。装置类似于一个个小球，小球上涂有纳米涂层，把很多小球放在海面上，当这些小球随着海水晃动，里面的涂层会因为摩擦而产生大量的电荷，可以收集这些电荷，把静电转变成可以使用的电能。

拓展与实践

1. 寻找一下家里的哪些材料容易产生静电，给它们归归类。

2. 动动手，也制作一个静电跳舞小球装置吧！

绘图：查筱菲　王悦　余宛泇　潘晓燕　黄郁璇

扫一扫
观看实验视频

1. 用铝箔纸包裹泡沫小球；

2. 准备一个纸盒，上面盖上透明玻璃板；

3. 拿一块干毛巾在玻璃板上来回摩擦，观察小球的状态。

想一想，为什么会这样呢？

23

图书在版编目（CIP）数据

发现身边的科学 . 静电跳舞小球 / 王轶美主编；
贺杨，陈晓东著；上电 – 中华"华光之翼"漫画工作室绘
. -- 北京：中国纺织出版社有限公司，2021.6
　　ISBN 978-7-5180-8347-3

　　Ⅰ . ①发… 　Ⅱ . ①王… ②贺… ③陈… ④上… 　Ⅲ .
①科学实验—少儿读物 　Ⅳ . ① N33-49

中国版本图书馆CIP数据核字（2021）第022981号

策划编辑：赵　天　　特约编辑：李　媛
责任校对：高　涵　　责任印制：储志伟　　封面设计：张　坤

中国纺织出版社有限公司出版发行
地址：北京市朝阳区百子湾东里 A407 号楼　邮政编码：100124
销售电话：010—67004422　传真：010—87155801
http://www.c-textilep.com
中国纺织出版社天猫旗舰店
官方微博 http://weibo.com/2119887771
北京通天印刷有限责任公司印刷　各地新华书店经销
2021 年 6 月第 1 版第 1 次印刷
开本：710×1000　1/12　印张：24
字数：80 千字　定价：168.00 元（全 12 册）